Stellungnahmen zu Kernenergiefragen

IRS - S - 12 (August 1975)

DER RASMUSSEN-BERICHT (WASH-1400)

Übersetzung der Kurzfassung

INSTITUT FÜR REAKTORSICHERHEIT der TECHNISCHEN ÜBERWACHUNGS-VEREINE e.V.
5000 Köln 1 · Glockengasse 2 · Telefon (0221) 2068-1 · Telex 8881807 irs d

ISBN 978-3-662-37368-2   ISBN 978-3-662-38114-4 (eBook)
DOI 10.1007/978-3-662-38114-4

ZUR EINFÜHRUNG

Errichtung und Betrieb von Kernkraftwerken bedürfen entsprechend den jeweils gültigen atomrechtlichen Bestimmungen in allen Ländern behördlicher Genehmigung. Im Rahmen der erforderlichen Genehmigungsverfahren wird durch eingehende Sicherheitsanalysen geprüft, ob - wie es der Wortlaut des deutschen Atomgesetzes vorschreibt - die nach dem Stand von Wissenschaft und Technik erforderliche Vorsorge gegen Schäden durch die Errichtung und den Betrieb der Anlage getroffen ist. Zu diesem Zweck legt der Antragsteller einen Sicherheitsbericht vor, der neben einer detaillierten Beschreibung der gesamten Anlage eine Analyse möglicher Störfälle und ihrer Auswirkungen auf die Umgebung enthält. Die Untersuchungen berücksichtigen alle vorliegenden technischen Erfahrungen. Unfälle mit Auswirkungen, die über die des Auslegungsstörfalls hinausgehen, werden bei der Auslegung der Sicherheitseinrichtungen nicht berücksichtigt. Dieses Vorgehen schlägt sich in der Defination des Auslegungsstörfalls nieder. Neben der deterministischen Betrachtungsweise gewinnen bereits seit vielen Jahren probabilistische Untersuchungsmethoden an Bedeutung. Sie haben sich bei der Ermittlung von Systemverfügbarkeiten, bei Schwachstellenanalysen sowie bei der Entwicklung von Prüf- und Wartungsstrategien bewährt.
Die darin steckenden Ansätze müssen jedoch noch zu einem umfassenden Risikokonzept weiterentwickelt werden. Erst wenn ein solches vorliegt, werden auch Risikoabschätzungen als Entscheidungsbasis in atomrechtlichen Genehmigungsverfahren Anwendung finden. Gegenwärtig erscheinen Risikoabschätzungen als brauchbare Methode, die mit der Kernenergie verbundenen Risiken im Vergleich mit anderen Risiken zu verdeutlichen.

W A S H - 1 4 0 0 - Einen Meilenstein in der Entwicklung objektiver Beurteilungsmaßstäbe für die Kernenergieerzeugung stellt die "Reactor Safety Study: An Assessment of Accident Risks in U.S. Commercial Nuclear Power Plants" (Reaktorsicherheitsstudie: Eine Abschätzung der Unfallrisiken amerikanischer kommerzieller Kernkraftwerke) dar. Dieser Bericht, der insgesamt 3 300 Seiten umfaßt, wurde mit einem Aufwand von 3 Millionen Dollar und 50 Mannjahren im Auftrage der damaligen amerikanischen Atomic

Energy Commission - AEC (Atomenergie-Kommission) erstellt.
Sie trägt das Reportsigel WASH-1400 (WASH steht als Abkürzung
für Washington, dem Sitz der USAEC).

Der Bericht wurde im August 1974 als Entwurf veröffentlicht. Die darin
enthaltenen Informationen wurden in einem 248 Seiten umfassenden Hauptband mit 10 Anhangbänden und in einem zusammenfassenden Kurzbericht,
dessen Übersetzung ins Deutsche im folgenden wiedergegeben wird, zusammengestellt.

V e r a n t w o r t l i c h e - Dr. Norman C. Rasmussen, Professor für
Kerntechnik am Massachusetts Institute of Technology, Cambridge, Mass./USA,
war für die Durchführung der Reaktorsicherheitsstudie verantwortlich.
Saul Levine, Kerntechniker, war auf der AEC-Seite der zuständige Projektleiter. Acht weitere AEC-Angehörige waren an den Arbeiten beteiligt
zusammen mit zahlreichen weiteren Privatfirmen und Nationallaboratorien.

A u f g a b e n s t e l l u n g - Die mit der Reaktorsicherheitsstudie
verfolgten Ziele lassen sich in drei Punkten zusammenfassen: (1) das von
den gegenwärtig in den Vereinigten Staaten zum Einsatz kommenden Kernkraftwerken mit Leichtwasserreaktoren ausgehende Risiko für die Bevölkerung
zu ermitteln, (2) diese Kernkraftwerksrisiken mit anderen zivilisationsbedingten und natürlichen Risiken zu vergleichen und (3) die Verunsicherung zu beseitigen, die durch eine frühere, bereits 1957 veröffentlichte Reaktorsicherheitsstudie "Theoretical Possibilities and Consequences of Major Accidents in Large Nuclear Power Plants" (Theoretische
Möglichkeiten und Auswirkungen schwerer Unfälle in großen Kernkraftwerken) in der Öffentlichkeit hervorgerufen wurde. Diese Studie wurde
unter dem Reportsigel WASH-740 bekannt.
Ein wesentlicher Unterschied zwischen WASH-740 und WASH-1400 besteht
darin, daß die frühere Untersuchung von einer 50%igen Freisetzung des
Spaltproduktinventars im Falle eines Kernschmelzens ausging. Damit sollte
die obere Grenze der Schadenskosten für den schwersten denkbaren Unfall
abgesteckt werden, um die erforderliche Deckungsvorsorge treffen zu
können. Die jetzige Untersuchung zeigt die Unmöglichkeit derart massiver
Freisetzung auf Grund physikalischer Wirkungsmechanismen auf und gelangt
so zu niedrigeren Personen- und Sachschäden.

G r u n d l a g e n - Die Reaktorsicherheitsstudie befaßte sich nur mit leichtwassergekühlten Kernkraftwerken der Bauarten, die jetzt in Betrieb gehen, d.h. vor etwa sechs bis acht Jahren konstruiert wurden. Als Modelle dienten: (1) Das Kernkraftwerk Surry der Virginia Electric Power Co. Die Anlage (Block 1) hat eine elektrische Leistung von 788 MW, Standort ist Jamestown, Va./USA. (2) Das Kernkraftwerk Peach Bottom der Philadelphia Electric Co. Das Werk (Block 2) hat eine elektrische Leistung von 1065 MW, Standort ist Delta, Pa./USA. Die Untersuchung berücksichtigte in ihren Verfügbarkeitsbetrachtungen die Störfallmeldungen der Kernkraftwerksbetreiber. Von den gemeldeten Störfällen hatten allerdings nur verschwindend wenige zur Freisetzung radioaktiver Stoffe geführt. So weist etwa die Übersicht für das Jahr 1974 insgesamt 1 424 anomale Vorkommnisse aus, von denen jedoch nur 4 als "direkt signifikant" klassifiziert, während 530 als "potentiell signifikant" und 890 als "insignifikant" eingestuft wurden. Nur ein einziger Störfall war mit der Freisetzung von radioaktiven Stoffen (Tritium) infolge Leckage eines Vorratsbehälters verbunden.

M e t h o d i k - Die Untersuchung verfolgte mehrere tausend möglicher Pfade für die Freisetzung radioaktiver Stoffe und wählte daraus die risikobestimmenden Sequenzen aus. Dazu gehörte insbesondere die Definition der Umstände, unter denen der Brennstoff im Reaktorkern schmelzen und die Sicherheitseinrichtungen zur Rückhaltung radioaktiver Stoffe versagen könnten. Dabei wurden solche Verfahren eingesetzt, wie sie in den letzten Jahrzehnten vom amerikanischen Verteidigungsministerium und von der National Aeronautics and Space Administration - NASA (Luft- und Raumfahrtbehörde) entwickelt worden waren. Zu erwähnen sind hier insbesondere (1) Störfallablaufanalysen, die, von einem auslösenden Ereignis ausgehend, unter Berücksichtigung aller sonstigen Ausfälle die im einzelnen möglichen Störfallabläufe innerhalb der Anlagen verfolgen und (2) Fehlerbaumanalysen, die die Nichtverfügbarkeit der verschiedenen bei den Störfallablaufanalysen behandelten Systeme ermitteln.

Die Störfallablaufmethodik war das Hauptwerkzeug der ganzen Reaktorsicherheitsstudie. Sie diente dazu, die möglichen unterschiedlichen

Auswirkungen eines vorgegebenen Ereignisses, das den Störfall auslöst, zu erkennen. Die möglichen Auswirkungen hängen von der Anzahl der möglichen auslösenden Ereignisse ab.

Beispielsweise wurden als auslösende Ereignisse für einen Kühlmittelverlust analysiert: (1) große Rohrbrüche, (2) kleine bis mittlere Rohrbrüche, (3) kleine Rohrbrüche, (4) Bersten des Reaktordruckbehälters, (5) Dampferzeugerbrüche und (6) Durchbrüche zu Hilfs- und Nebensystemen. Der weitere Störfallablauf ist dann im wesentlichen davon abhängig, ob und wie die vorhandenen Sicherheitseinrichtungen funktionieren. Untersucht wurden die möglichen Auswirkungen der einzelnen Störfallabläufe und die Ergebnisse, ausgedrückt durch die Anzahl der Soforttoten, der Strahlengeschädigten, aber auch den Umfang der Sachschäden und der kontaminierten Flächen.

Die ermittelten Wahrscheinlichkeiten für die verschiedenen Störfallabläufe sind das Produkt von sechs Einzelfaktoren: (1) der Wahrscheinlichkeit des auslösenden Ereignisses Kühlmittelverlust, (2) der Wahrscheinlichkeit für das Schmelzen des Reaktorkerns, etwa infolge Versagens des Kernnotkühlsystems, (3) der Wahrscheinlichkeit für das Versagen des Sicherheitseinschlusses, (4) der Bevölkerungsverteilung in der Umgebung, (5) der meteorologischen Verdünnung und (6) der Wirksamkeit von Notfallschutzmaßnahmen. In der vorliegenden Untersuchung werden, soweit möglich, jedem der sechs Terme realistische Werte zugeordnet. Das gab es in früheren Reaktorsicherheitsstudien noch nicht. Vielmehr wurden beispielsweise in WASH-740 keinerlei Sicherheitseinrichtungen und Notfallschutzmaßnahmen berücksichtigt.

E r g e b n i s s e - WASH-1400 bestätigt, daß der mögliche schwerste Unfall durch einen Bruch des Reaktorkühlsystems ausgelöst wird, dem ein Schmelzen des Reaktorkerns durch den Sicherheitsbehälter hindurch folgt. Damit aber dieser Ablauf überhaupt möglich wird, müssen alle Kernnotkühlsysteme ausfallen - ein äußerst unwahrscheinliches Ereignis. Die Untersuchung brachte in diesem Zusammenhang zwei gleicherweise interessante Erkenntnisse: (1) Die Wahrscheinlichkeit für ein Schmelzen des Reaktorkerns ist größer als bisher vermutet (im Mittel 1 Mal in 17 000 Reaktorbetriebsjahren), aber die Auswirkungen sind geringer als bisher angenommen; (2) die Wahrscheinlichkeit für ein Schmelzen des Reaktorkerns mit katastrophalen Auswirkungen auf die Umgebung liegt um mehrere Größenordnungen niedriger. Für den schwersten Unfall (im Mittel 1 Mal in 1 000 000 000 Reaktorbetriebsjahren) werden die Auswirkungen mit 2 300 Soforttoten, 5 600 Sofortkranken und 6,2 Millarden Dollar Sachschäden angegeben.

In der Studie wird für die amerikanischen Verhältnisse die Durchführbarkeit von Evakuierungsmaßnahmen für die betroffene Bevölkerung bei schweren Unfällen vorausgesetzt, da eine Vorwarnzeit von mindestens 1,5 Stunden vor der massiven Freisetzung radioaktiver Stoffe zur Verfügung steht. Hält man diese Notfallschutzmaßnahme für undurchführbar, ist mit einer Erhöhung der Anzahl Soforttoter um den Faktor 3 zu rechnen.

K r i t i k - Die Reaktorsicherheitsstudie wurde zunächst als Entwurf veröffentlicht mit der Aufforderung, Stellungnahmen hinsichtlich verwendeter Methodik und erhaltener Ergebnisse abzugeben. Anfang dieses Jahres waren bereits mehr als 100 Stellungnahmen eingegangen, sie sollen in der endgültigen Fassung berücksichtigt werden, deren Erscheinen für das zweite Halbjahr 1975 angekündigt ist.

Die meisten Stellungnahmen beurteilten die geleistete Arbeit als Ganzes positiv, wenn auch hinsichtlich spezieller Details inzwischen weltweit eine intensive Diskussion eingesetzt hat. Die U.S. Enviromental Protection Agency (Umweltschutzbehörde) vertritt etwa die Meinung, daß die Anzahl der wahrscheinlichen Todes- und Krankenfälle infolge katastrophaler Reaktorunfälle um einen Faktor bis zu 10 höher ausfallen könne. Die Union of Concerned Scientists - UCS, Cambridge, Mass./USA, eine engagierte Gruppe von Kernenergiegegnern, hält die Risikoangaben sogar um einen Faktor 16 für zu niedrig und verurteilt die angewandte Methodik als überholt. Das Atomic Industrial Forum - AIF (Atomforum), New York, N.Y./USA, interpretiert die Ergebnisse dahingehend, daß Kernkraftwerke bereits mehr als sicher seien und die Prioritäten so gesetzt werden müßten, daß nicht mehr Geld als zweckmäßig für Sicherheit ausgegeben werden sollte.
Das Edison Electric Institute, New York, N.Y./USA, begrüßt, daß in der Reaktorsicherheitsstudie auch die Grenzen der Aussagen deutlich geworden

seien, und findet, daß Kernkraftwerke kein unzulässiges Risiko für die Öffentlichkeit darstellen. Ralph Nader und weitere Umweltschutzgruppen greifen die Arbeit vor allem deswegen an, weil Sabotage nicht berücksichtigt sei und die Risiken der Endlagerung radioaktiver Abfälle und des Transports von Kernbrennstoffen außer acht blieben.

D e u t s c h e   R e a k t o r s i c h e r h e i t s s t u d i e n -
Im Auftrag des Bundesministeriums des Innern laufen bereits seit längerem Arbeiten zu einer fundierten Stellungnahme, an der das Institut für Reaktorsicherheit (IRS), Köln, und das Laboratorium für Reaktorregelung und Anlagensicherung (LRA), Garching, beteiligt sind. Zielsetzungen dieser Untersuchung sind: (1) Identifizierung und Kommentierung von Lücken in den verwendeten Methoden und Modellen, (2) Identifizierung der das Gesamtrisiko entscheidend beeinflussenden Parameter, (3) Überprüfung der Übertragbarkeit auf deutsche Verhältnisse, (4) Untersuchung der benutzten Methoden auf Brauchbarkeit für ein Risikokonzept und (5) Anregung von Forschungsvorhaben zur Schließung erkannter Lücken in der Risikoanalyse. Der entsprechende Abschlußbericht über diese Untersuchungen wird zwar erst im zweiten Halbjahr 1975 vorliegen, doch lassen sich aus den bisherigen Ergebnissen bereits einige grundsätzliche Anmerkungen herleiten:

- Die Begrenzung des Arbeitsaufwandes durch Einführung von Vereinfachungen zusammen mit der Verwendung induktiver Methoden bedingt, daß die möglichen Störfallabläufe nur unvollständig berücksichtigt werden konnten. Die Auswirkungen auf das Gesamtergebnis sind nicht quantifiziert.

- Störfallablauf- und Fehlerbaumanalysen werfen zwar keine Probleme als Methoden auf, die Schwierigkeiten liegen vielmehr in der richtigen Systemerfassung. In diesem Zusammenhang ist die Frage nach der Berücksichtigung von Teilausfällen von Sicherheitssystemen zu stellen, die ungünstigere Auswirkungen als völliger Ausfall haben können. Als einflußreiche Parameter erweisen sich die Eintrittswahrscheinlichkeiten der auslösenden Ereignisse. Unsicherheiten darin wirken sich weit stärker als bei den Ausfallraten aus.

- Die Risikobeiträge von Transienten und kleinen Lecks erscheinen gegenwärtig noch nicht ausreichend erfaßt, zumindest ist eine differenziertere Behandlung erforderlich.

- Große Bedeutung wird offensichtlich dem Sprühsystem im Sicherheitsbehälter und den Versagensarten des Sicherheitsbehälters beigemessen.

Zur Übertragbarkeit der Ergebnisse auf deutsche Verhältnisse ist festzuhalten, daß zwar die physikalischen Störfallabläufe und die zugehörigen Modelle ähnlich sind, jedoch Anlagenkonzepte und Standortbedingungen Unterschiede aufweisen. Während die Verfügbarkeit der deutschen Kernnotkühlsysteme um zwei Größenordnungen höher als die der amerikanischen Anlagen angesetzt wird, werden Verbundnetz, Druckhalter, Sicherheitsventile u.a. hier konservativer beurteilt. Umgekehrt ist die Bevölkerungsdichte an deutschen Kernkraftwerksstandorten etwa um den Faktor 3 größer als der amerikanischen Untersuchung zugrunde gelegt, so daß auch die Wirksamkeit von Notfallschutzmaßnahmen unter diesem Aspekt einer Überprüfung bedarf.

Aufbauend auf den Ergebnissen der Untersuchungen von IRS und LRA soll im Rahmen des Forschungsprogramms Reaktorsicherheit des Bundesministeriums für Forschung und Technologie eine der Rasmussen-Studie vergleichbare Untersuchung für typische deutsche Kernkraftwerke erstellt werden. Parallel dazu sollen in einem Forschungsprojekt "Risiko und Zuverlässigkeit" die methodischen Grundlagen für Risikoanalysen weiterentwickelt werden mit dem Ziel, die Fehlerbandbreite des Endergebnisses genauer zu quantifizieren und einzuengen.

Im Hinblick auf ein umfassendes Risikokonzept ist es jedoch notwendig, neben den bereits behandelten Unfällen nicht nur kleinere Störungen und bestimmungsgemäßen Betrieb, sondern auch Einwirkungen Dritter (z.B. Sabotage) zu berücksichtigen. Außerdem ist eine Ausdehnung auf den gesamten Brennstoffkreislauf unabdingbar. Weitere Aufgaben hängen mit der Risikobewertung und -akzeptanz zusammen.

S c h l u ß b e m e r k u n g - Die amerikanische Reaktorsicherheitsstudie: Eine Abschätzung der Unfallrisiken amerikanischer kommerzieller Kernkraftwerke kann nur einen allgemeinen Überblick über die Unfallrisiken leichtwassergekühlter Kernkraftwerke geben. Streng gelten die Aussagen nur für amerikanische Reaktoren an amerikanischen Standorten. Für andere Reaktorbauarten können sie nur als Orientierungsdaten dienen. Die Sicherheitsanalyse einer speziellen Anlage an einem realen Standort im Rahmen des atomrechtlichen Genehmigungsverfahrens wird in keinem Fall überflüssig. Die in den Vereinigten Staaten hierfür zuständige AEC-Nachfolgeorganisation, die Nuclear Regulatory Commission - NRC, beabsichtigt, innerhalb der nächsten fünf Jahre die Störfallablaufmethode anzuwenden, um die Sicherheit von gasgekühlten Hochtemperaturreaktoren und schnellen natriumgekühlten Brutreaktoren zu ermitteln.

Köln, den 1.8.1975 L.F. F r a n z e n

Entwurf

WASH-1400

R E A K T O R S I C H E R H E I T S S T U D I E

EINE ABSCHÄTZUNG DER UNFALLRISIKEN
AMERIKANISCHER KOMMERZIELLER KERNKRAFTWERKE

ZUSAMMENFASSENDER BERICHT

August 1974

U.S. Atomic Energy Commission

INHALT

Seite

1. Einleitung und Ergebnisse 1
2. Fragen und Antworten zur Studie 7
   2.1 Wer hat die Studie verfaßt, mit welchem Aufwand ist sie erstellt worden? 7
   2.2 Auf welche Arten von Kernkraftwerken erstreckt sich die Studie? 8
   2.3 Kann ein Kernkraftwerk wie eine Atombombe explodieren? 8
   2.4 Wie läßt sich das Risiko definieren? 9
   2.5 Woher rühren die Risiken im Zusammenhang mit Unfällen in Kernkraftwerken? 9
   2.6 Wie könnte Radioaktivität freigesetzt werden? 10
   2.7 Wie könnte ein Unfall eintreten, bei dem der Reaktorkern schmilzt? 11
   2.8 Welche Vorrichtungen gibt es in Reaktoren, um Kernschmelzen unter Kontrolle zu halten? 12
   2.9 Wie könnte ein Kühlmittelverlustunfall zum Schmelzen des Kerns führen? 13
   2.10 Wie könnte eine Reaktortransiente zum Kernschmelzen führen? 14
   2.11 Wie wahrscheinlich ist ein Unfall mit Kernschmelzen? 14
   2.12 Welche Gesundheitsschäden könnte ein solcher Unfall mit Kernschmelzen hervorrufen? 15
   2.13 Welches sind die wahrscheinlichsten Folgen eines Unfalls mit Kernschmelzen? 16
   2.14 Wie läßt sich das durch Kernenergieunfälle hervorgerufene jährliche Risiko mit anderen allgemeinen Risiken vergleichen? 17
   2.15 Wie hoch wäre die Anzahl der Todesfälle und Personenschäden, die als Folge eines Unfalls mit Kernschmelzen zu erwarten wären? 17
   2.16 In welcher Größenordnung bewegen sich die latenten oder langfristigen Auswirkungen auf die Gesundheit? 19
   2.17 Welche Arten von Sachschäden könnte ein Unfall mit Kernschmelzen hervorrufen? 20

Seite

2.18 Welche Kosten würde ein Unfall mit Kernschmelzen
verursachen? 21

2.19 Wie hoch ist die Wahrscheinlichkeit eines Reaktorschmelzens
im Jahr 2000, wenn tausend Reaktoren in Betrieb sind? 22

2.20 Woher wissen wir, daß in der Studie auch wirklich alle
Unfälle berücksichtigt worden sind? 23

2.21 Wie sehen Ihre Berechnungen von Reaktorunfällen im Vergleich zu früheren Studien aus, in denen viel schwerwiegendere Folgen ermittelt worden sind? 23

2.22 Welche Verfahren wurden zur Durchführung der Studie angewandt? 25

2.23 Wie werden die Ergebnisse dieser Studie die Entscheidungen
in Sicherheitsfragen beeinflussen? 26

1. Einleitung und Ergebnisse

Die Reaktorsicherheitsstudie wurde von der U.S. Atomic Energy Commission in Auftrag gegeben, um damit die für die Öffentlichkeit im Zusammenhang mit potentiellen Unfällen in kommerziellen Kernkraftwerken der heute üblichen Bauart entstehenden Risiken abzuschätzen. Die Arbeit wurde völlig unabhängig unter der Leitung von Professor Norman C. Rasmussen vom Massachusetts Institute of Technology durchgeführt. Die Risiken konnten nicht gemessen, sondern mußten geschätzt werden, denn obwohl zur Zeit ca. 50 derartige Anlagen in Betrieb sind, hat sich bislang kein einziger nuklearer Unfall ereignet. Die bei dieser Abschätzung angewandten Methoden beruhen auf Verfahren des amerikanischen Verteidigungsministeriums und der National Aeronautics and Space Administration (NASA) aus den letzten zehn Jahren.

Das Ziel der Arbeit sollte eine realistische Abschätzung dieser Risiken und ein Vergleich mit den nichtnuklearen Risiken sein, denen unsere Gesellschaft und ihre einzelnen Mitglieder ohnehin ausgesetzt sind. An Hand dieser Informationen wird sich der zukünftige Einsatz der Kernenergie für die Stromerzeugung leichter einordnen lassen.

Die Studie kommt vor allem zu dem Ergebnis, daß der Öffentlichkeit auf Grund von potentiellen Unfällen in Kernkraftwerken nur sehr geringfügige Risiken erwachsen. Dieses Ergebnis leitet sich von folgenden Überlegungen her:

a) Die Folgen potentieller Reaktorunfälle sind nicht größer, sondern in vielen Fällen sogar kleiner als die Folgen nichtnuklearer Schadensereignisse. Die Folgen sind geringer, als es frühere Studien, in denen die Risikoansätze absichtlich maximiert worden waren, die Öffentlichkeit glauben machen wollten.

b) Die Wahrscheinlichkeit eines Reaktorunfalls ist viel geringer als die Wahrscheinlichkeit vieler nichtnuklearer Unfälle mit ähnlichen Folgen. Alle in dieser Studie behandelten nichtnuklearen Unfälle, darunter Brände, Explosionen, Entweichen von giftigen Chemikalien, Dammbrüche, Flugzeugabstürze, Erdbeben, Hurrikane und Tornados, treten mit viel höherer Wahrscheinlichkeit ein und können ebensolche oder noch schwerwiegendere Folgen haben als nukleare Unfälle.

In den Abbildungen 1, 2 und 3 werden die Risiken für Kernreaktorunfälle für die um 1980 wahrscheinlich in Betrieb befindlichen 100 Anlagen mit anderen zivilisations- und naturbedingten Risiken verglichen. Aus diesen Abbildungen ergibt sich folgendes:

a) Abbildungen 1 und 2 zeigen die Wahrscheinlichkeit und die Anzahl der Todesfälle sowohl infolge nuklearer als auch auf Grund verschiedenartiger nichtnuklearer Unfälle. Aus den Zahlen geht hervor, daß die nichtnuklearen Schadensereignisse mit einer 10 000fach höheren Wahrscheinlichkeit schwerwiegende Unfälle auslösen als Kernenergieanlagen.

b) Abbildung 3 zeigt die Wahrscheinlichkeit und die in Dollar ausgedrückte Höhe der durch nukleare und nichtnukleare Unfälle hervorgerufenen Sachschäden. Von Kernkraftwerken verursachte Unfälle mit vergleichbar hohen Sachschäden haben eine 100- bis 1 000fach geringere Wahrscheinlichkeit als durch andere Ursachen ausgelöste Unfälle. Sachschäden lassen sich in drei Kategorien aufteilen: 1. die Kosten, die aus der vorübergehenden Evakuierung der Bevölkerung aus kontaminierten Gegenden entstehen; 2. die Unbenutzbarkeit von Immobilien während einiger Wochen oder Monate, in denen die Radioaktivität beseitigt wird; 3. die Ermittlungskosten, um sicherzugehen, daß die Bevölkerung nicht potentiellen Radioaktivitätsquellen von den Lebensmitteln und der Wasserversorgung her ausgesetzt ist. Die im letzteren Fall entstehenden Kosten rühren auch von dem Aufwand her, der zur radiologischen Prüfung von landwirtschaftlichen Erzeugnissen erforderlich ist, und enthalten die Verluste an Erzeugnissen, die unter Umständen kontaminiert sind.

Zusätzlich zu diesen Angaben über das Gesamtrisiko in den Abbildungen 1-3 muß auch das für den einzelnen vorhandene Risiko einer tödlichen Verletzung durch die verschiedenen Unfallarten geprüft werden. Der größte Teil der in Tabelle 1 aufgeführten Angaben stammt aus dem U.S. Statistical Abstract von 1973 und gilt für das Jahr 1969, das letzte Jahr, für das diese Statistiken bisher zur Verfügung stehen. Die nuklearen Risiken sind im Vergleich zu den sonstigen Ursachen tödlicher Verletzungen geringfügig.

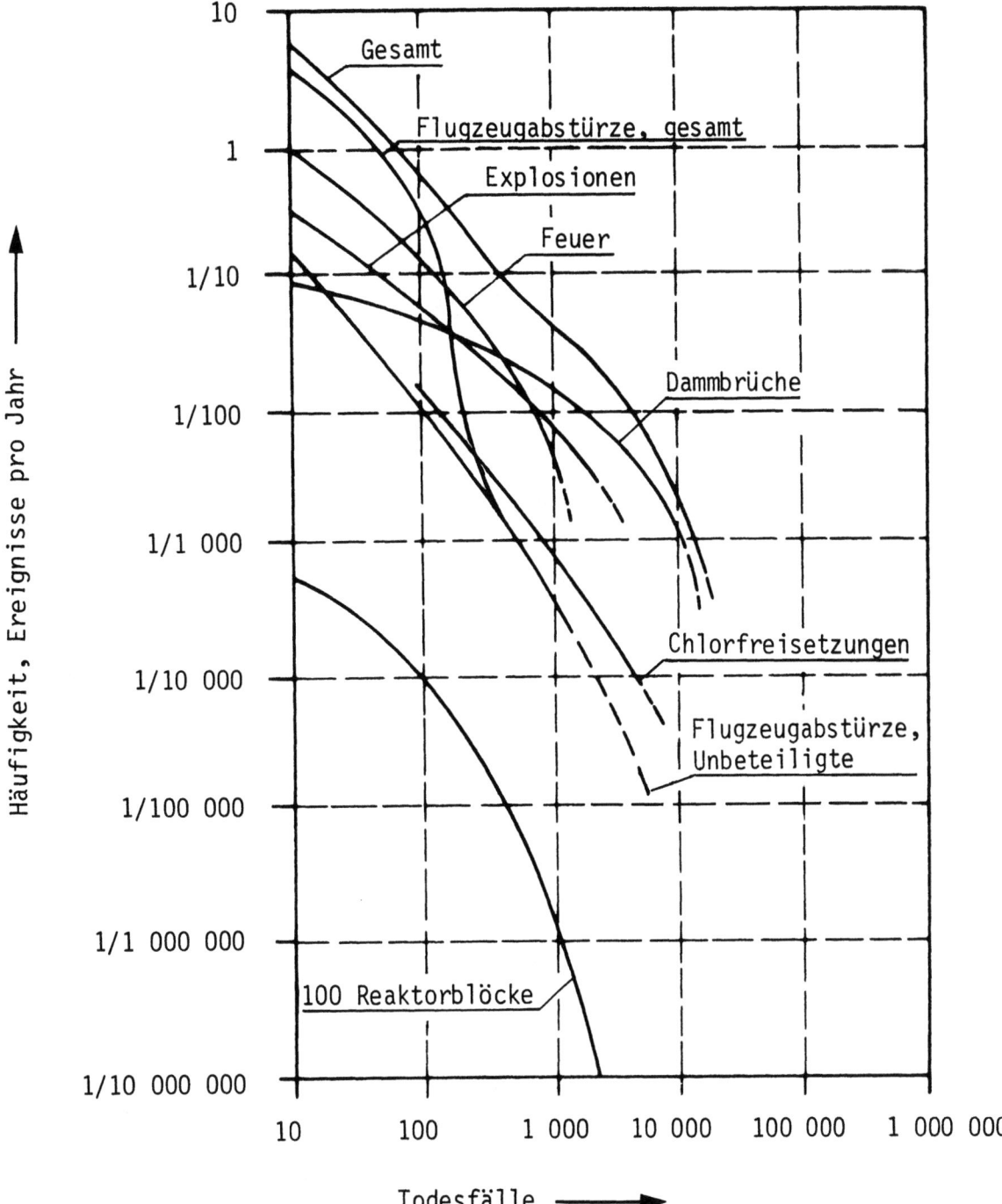

Abb. 1: Häufigkeit der durch zivilisationsbedingte Ereignisse hervorgerufenen Todesfälle [+)]

+) Ein Beispiel für die numerische Bedeutung der Abbildungen 1-3 ergibt sich bei der Wahl einer senkrechten Folgelinie durch Ablesung der Wahrscheinlichkeit, daß verschiedene Unfallarten zu dieser Folge führen. So würden z.B. in Abbildung 1 hundert Anlagen mit einer Wahrscheinlichkeit von 1:10 000 pro Jahr diese Folge auslösen. Chlorfreisetzungen sind um das 100fache wahrscheinlicher, liegen also bei 1:100. Brände sind um das 1 000fache wahrscheinlicher, liegen also bei 1:10 pro Jahr; Flugzeugabstürze sind um das 5 000fache wahrscheinlicher, liegen mithin bei einem Absturz in zwei Jahren.

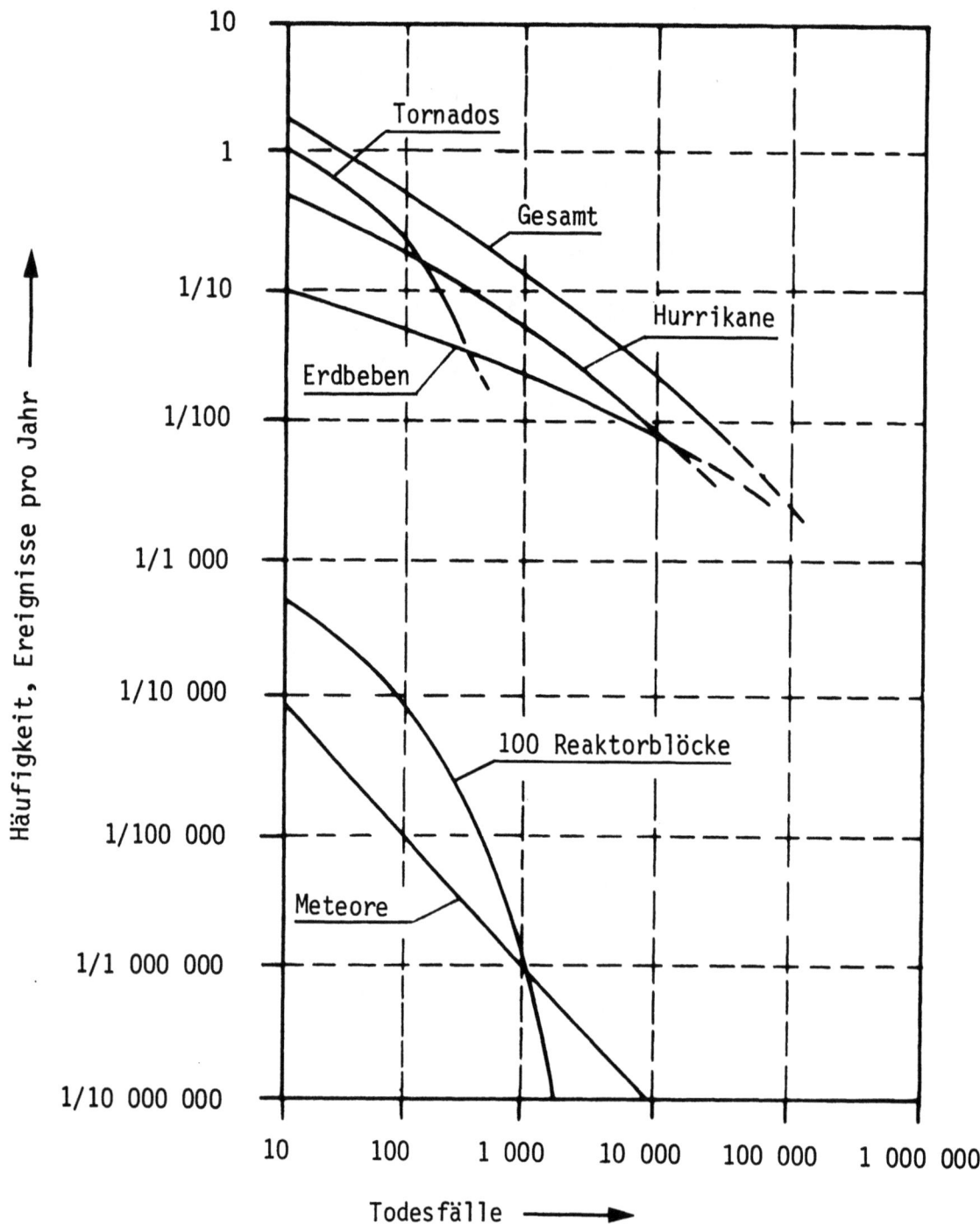

Abb. 2: Häufigkeit der Todesfälle auf Grund natürlicher Ereignisse

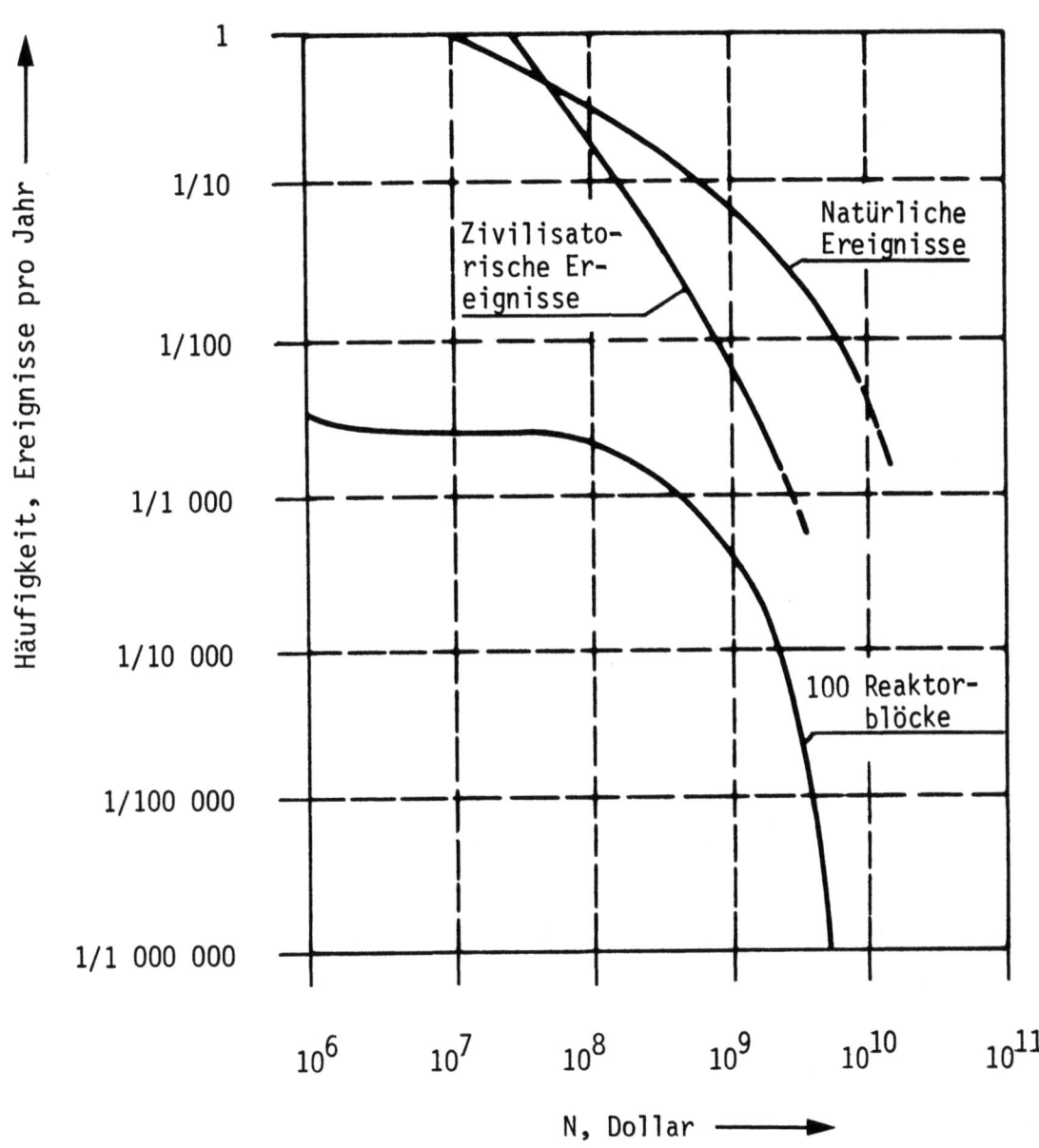

Abb. 3: Häufigkeit von Sachschäden auf Grund natürlicher und zivilisatorischer Ereignisse

Tabelle 1: Sterblichkeitsrisiko aus verschiedenen Ursachen

Unfallart	Insgesamt	Wahrscheinlichkeit für den einzelnen pro Jahr
Straßenverkehr	55 791	1 : 4 000
Stürze	17 827	1 : 10 000
Brände und Verbrühungen	7 451	1 : 25 000
Ertrinken	6 181	1 : 30 000
Schußwaffen	2 309	1 : 100 000
Fliegen (Luftverkehr)	1 778	1 : 100 000
Herunterfallende Gegenstände	1 271	1 : 160 000
Elektrischer Schlag	1 148	1 : 160 000
Blitzschlag	160	1 : 2 000 000
Tornados	91	1 : 2 500 000
Hurrikane	93	1 : 2 500 000
Sämtliche Unfälle	111 992	1 : 1 600
Unfälle mit Kernreaktoren (100 Anlagen)	0	1 : 300 000 000

Neben Todesfällen und Sachschäden können nukleare Unfälle auch eine ganze Reihe sonstiger Auswirkungen auf die Gesundheit hervorrufen. Dazu gehören Verletzungen und Spätschäden wie Krebs, genetische Folgen und Schilddrüsenerkrankungen. Die bei potentiellen Unfällen zu erwartenden Verletzungen wären in diesem Fall etwa doppelt so hoch wie die in den Abbildungen 1 und 2 gezeigten Todesfälle. Allerdings fielen diese Verletzungen im Vergleich zu den jährlich durch andere Unfälle hervorgerufenen 8 Millionen Verletzungen kaum ins Gewicht. Nach der Vorausschätzung dürften die genetischen Spätschäden und die später auftretenden Krebsfälle zahlenmäßig weit unter der normalen Häufigkeit dieser Erkrankungen liegen. Selbst bei einem großen, äußerst unwahrscheinlichen Unfall ließen sich die geringfügigen Steigerungen in der Häufigkeit dieser Erkrankungen nicht nachweisen.

Schilddrüsenerkrankungen, die unter Umständen in Folge eines großen Unfalls auftreten können, äußern sich in der Bildung von Knötchen auf der Schilddrüse, die durch ärztliche Maßnahmen zu beseitigen sind und nur selten zu Komplikationen führen. Bei den meisten Unfällen wäre die gebildete Anzahl von Knötchen gering im Vergleich zur normalen Häufigkeit. Die bei äußerst unwahrscheinlichen Unfällen unter Umständen entstehende Anzahl von Knötchen ließe sich allenfalls mit deren normaler Häufigkeit vergleichen. Die Knötchen träten dann innerhalb von 10 bis 20 Jahren nach einem Unfall mit etwa der normalen Häufigkeit in der betroffenen Personengruppe auf.

In der Studie wird zwar auf die geschätzten Risiken aus Unfällen in Kernkraftwerken hingewiesen und sie werden mit anderen in unserer Gesellschaft vorhandenen Risiken verglichen; es wird jedoch kein Urteil über die Hinnehmbarkeit nuklearer Risiken gefällt. Obwohl in der Studie die Meinung vertreten wird, daß die Risiken nuklearer Unfälle sehr gering sind, schließt ein Urteil über das Maß an Risiko, das eine Gesellschaft auf sich nehmen sollte, zu viele Faktoren ein, als daß man es hier aussprechen könnte.

2. Fragen und Antworten zur Studie

In diesem Abschnitt der Zusammenfassung werden mehr Angaben über Einzelheiten der Studie geboten, als in der Einleitung erwähnt werden konnten. Zur leichteren Auffindbarkeit wird dabei die Form von Frage und Antwort gewählt.

2.1 Wer hat die Studie verfaßt, mit welchem Aufwand ist sie erstellt worden?

Die Studie ist im wesentlichen am Hauptsitz der Atomic Energy Commission von einer Gruppe von Wissenschaftlern und Ingenieuren durchgeführt worden, die sich zu dieser Aufgabe besonders gut geeignet hat. Sie kamen von den verschiedensten Organisationen, darunter der AEC, den nationalen Forschungszentren, privaten Forschungszentren und Hochschulen. Etwa 10 Mitarbeiter waren Angestellte der AEC. Die Arbeiten an der Studie wurden von Professor Norman C. Rasmussen vom Department of Nuclear Engineering am Massachusetts Institute of Technology geleitet. Während der Arbeit an dieser Studie fungierte er als Berater der AEC. Als administrativer Leiter war Saul Levine von der AEC für die tägliche Durchführung der praktischen Projektarbeit zuständig. Die Studie wurde im Sommer 1972 in Angriff genommen und nach zwei Jahren abgeschlossen. Insgesamt arbeiteten 60 Personen und verschiedene Berater daran mit; der Aufwand betrug 50 Mannjahre bzw. 3 Millionen Dollar.

2.2 Auf welche Arten von Kernkraftwerken erstreckt sich die Studie?

Die Studie bezieht sich auf große Leistungsreaktoren vom Druckwasser- und Siedewassertyp, wie sie heute in den Vereinigten Staaten im Einsatz sind. Die Reaktoren der gegenwärtigen Generation sind samt und sonders wassergekühlt, so daß sich die Studie auf diese Bauart beschränkte. Obwohl jetzt auch gasgekühlte Hochtemperatur-Reaktoren und mit flüssigem Metall gekühlte schnelle Brüter entwickelt werden, dürften in diesem Jahrzehnt wohl kaum große Reaktoren dieser Bauart in Betrieb gehen. Sie wurden aus diesem Grund nicht erfaßt.

Kernkraftwerke erzeugen durch Spaltung von Uranatomen elektrischen Strom. Der Kernbrennstoff, in dem die Uranatome gespalten werden, befindet sich in einem großen Stahlbehälter. Der Kernbrennstoff besteht aus etwa 100 Tonnen Uran. Das Uran ist in Metallstäbe von je rund 12 mm Durchmesser und 3,5 m Länge eingeschlossen. Je 50 bis 200 dieser Stäbe werden zu Bündeln zusammengefaßt. Jeder Reaktor enthält mehrere hundert solcher Brennelemente. Der Behälter ist mit Wasser gefüllt; das Wasser kühlt einerseits den Brennstoff und erhält andererseits die Spaltung als Kettenreaktion aufrecht.

Die durch den Spaltungsvorgang im Uran freigesetzte Wärme heizt das Wasser auf und bildet Dampf. Der Dampf treibt eine Turbine an, die elektrischen Strom erzeugt. Auf ähnliche Weise erzeugen Anlagen mit Kohle- und Ölfeuerung elektrischen Strom unter Verwendung von fossilen Brennstoffen zur Erhitzung des Wassers.

Die heutigen Kernkraftwerke sind sehr groß. Eine typische Anlage verfügt über eine elektrische Leistung von 1 Million Kilowatt oder 1 000 Megawatt. Diese Leistung reicht zur Versorgung einer Stadt von rund 500 000 Einwohnern aus.

2.3 Kann ein Kernkraftwerk wie eine Atombombe explodieren?

Nein. Kernkraftwerke können nicht wie Kernwaffen explodieren. Die Gesetze der Physik lassen das nicht zu, denn der Brennstoff enthält nur einen geringen Anteil (3-5 %) der speziellen Uranart (des sogenannten Uran-235), die in Waffen verwendet wird.

2.4 Wie läßt sich das Risiko definieren?

Der Begriff Risiko schließt sowohl die Wahrscheinlichkeit als auch die Folgen eines Ereignisses ein. Wollte man das Risiko abschätzen, das mit dem Autofahren zusammenhängt, so müßte man die Wahrscheinlichkeit eines Unfalles kennen, bei dem z.B. jemand erstens verletzt oder zweitens getötet werden könnte. Es gibt also zwei verschiedene Folgen, die Verletzung oder den Tod, und jede Folge hat ihre eigene Wahrscheinlichkeit. Die Chance, die der einzelne im Jahr hat, verletzt zu werden, liegt bei 1:130; im Hinblick auf den Unfalltod liegt sie bei 1:4 000. Diese Angaben beziehen sich auf das Risiko, dem Einzelpersonen ausgesetzt sind, und können die Einstellung des einzelnen zum Autofahren und seine Fahrgewohnheiten beeinflussen.

Unter dem Gesichtspunkt der Einwirkung auf die Gesellschaft als Ganzes interessieren jedoch ganz andere Angaben. In diesem Zusammenhang sind 1,5 Millionen Verletzungen pro Jahr und 55 000 Unfalltote pro Jahr, die sich durch Unfälle im Straßenverkehr ergaben, Angaben, die eine Entscheidungsgrundlage für die Sicherheit von Straßen und Kraftfahrzeugen darstellen könnten.

Mit einer ähnlichen Logik muß man an Kernreaktoren herangehen. Für einen Menschen, der irgendwo in der Umgebung eines Reaktors wohnt, ist die Wahrscheinlichkeit, daß er irgendwann bei einem Reaktorunfall ums Leben kommt, 1:300 000 000, und die Wahrscheinlichkeit, daß er irgendwann bei einem Reaktorunfall verletzt wird, 1:150 000 000.

Für die Gesellschaft als Ganzes betrachtet, könnte alle 25 Jahre einer von den 15 000 000 Menschen, die in der Umgebung von 100 Reaktoren wohnen, ums Leben kommen, und zwei Menschen könnten verletzt werden. Derartige Angaben sind unter Umständen für den Kongreß oder andere Gremien wichtig, die Entscheidungen treffen und dabei das der Gesellschaft aus Reaktorunfällen erwachsende Gesamtrisiko berücksichtigen müssen.

2.5 Woher rühren die Risiken im Zusammenhang mit Unfällen in Kernkraftwerken?

Die auf Kernkraftwerke zurückzuführenden Risiken rühren von der durch den Spaltungsprozeß gebildeten Radioaktivität her. Im Normalbetrieb setzen Kernkraftwerke nur verschwindend geringe Mengen dieser Radioaktivität unter kontrollierten Bedingungen frei. Bei äußerst unwahrscheinlichen Unfällen könnten jedoch größere Radioaktivitätsmengen freigesetzt werden und dann zu erheblichen Risiken führen.

Die nach der Spaltung des Uranatoms übrigbleibenden Bruchstücke sind radioaktiv. Man nennt diese radioaktiven Atome Spaltprodukte. Sie zerfallen weiter und senden dabei Kernstrahlung aus. Viele zerfallen schon innerhalb von Minuten oder Stunden und gehen dann in nichtradioaktive Formen über. Andere zerfallen viel langsamer und brauchen Monate, in einigen wenigen Fällen sogar viele Jahre bis zum völligen Zerfall. Die in den Brennstäben entstehenden Spaltprodukte sind sowohl gasförmig als auch fest. Es finden sich darunter Jod, Gase, wie Krypton und Xenon, und feste Substanzen, wie Cäsium und Strontium.

2.6 Wie könnte Radioaktivität freigesetzt werden?

Möglicherweise große Radioaktivitätsmengen können nur dadurch freigesetzt werden, daß der Brennstoff im Reaktorkern schmilzt. Der aus einem Reaktor nach dem Einsatz entfernte und auf dem Gelände des Kernkraftwerks gelagerte Brennstoff enthält Radioaktivität in erheblichen Mengen. Unfallbedingte Freisetzungen aus solchen Brennstoffen haben sich jedoch im Vergleich zu den potentiellen Radioaktivitätsfreisetzungen aus dem ganzen Reaktorkern als sehr unbedeutend erwiesen.

Zur Sicherheitsauslegung von Reaktoren gehört auch eine Reihe von Systemen, die eine Überhitzung des Brennstoffs vermeiden und die potentielle Freisetzung von Radioaktivität aus dem Brennstoff unter Kontrolle halten sollen. Damit unter Unfallbedingungen Radioaktivität in die Umwelt entweichen könnte, bedürfte es einer Reihe von aufeinanderfolgenden Betriebsstörungen, durch die der Brennstoff überhitzt würde und dann seine Radioaktivität abgäbe. Zusätzlich müßten die zur Abtrennung und zum Einschluß der Radioaktivität vorgesehenen Systeme betriebsunfähig werden.

In der Studie sind Tausende von potentiellen Wegen radioaktiver Freisetzungen untersucht worden. Diejenigen Wege, die die Risiken bestimmen, sind dabei besonders herausgearbeitet worden. Dazu gehört auch eine Definition der Art und Weise, wie der Brennstoff im Kern schmelzen könnte, und ebenso der Ausfallmöglichkeiten für die Systeme, mit denen die Freisetzung von Radioaktivität unter Kontrolle gehalten werden soll.

2.7 Wie könnte ein Unfall eintreten, bei dem der Reaktorkern schmilzt?

Es ist bemerkenswert, daß in den rund 200 Reaktorjahren kommerziellen Betriebes von Anlagen der in diesem Bericht betrachteten Bauart bisher nicht ein einziger Fall von Brennstoffschmelzen eingetreten ist. Damit Brennstoff schmilzt, muß das Kühlsystem ausfallen, denn nur so kann der Brennstoff bis zu seinem Schmelzpunkt von etwa 2 750° C aufgeheizt werden.

Wer mit den Eigenschaften von Reaktoren nicht genau vertraut ist, schließt daraus vielleicht, daß zum Schutz des Brennstoffs vor Überhitzung lediglich eine Anlage vonnöten ist, die den Spaltungsprozeß beim ersten Anzeichen einer Störung unverzüglich zum Stillstand bringt oder abschaltet. Obwohl Reaktoren mit solchen Systemen ausgestattet sind, reichen diese doch allein nicht aus, denn der radioaktive Zerfall des Brennstoffs erzeugt auch weiterhin Wärme (die sogenannte Nachwärme), die abgeführt werden muß, wenn der Spaltungsprozeß längst zum Erliegen gekommen ist. Es gibt aus diesem Grund in Reaktoren auch redundante Systeme zur Nachwärmeabfuhr. Außerdem sind Kernnotkühlsysteme (ECCS) vorgesehen, die bei einer Reihe von potentiellen, jedoch unwahrscheinlichen Unfällen zum Einsatz kommen sollen.

In der Reaktorsicherheitsstudie werden allgemein zweierlei Situationen umrissen, die unter Umständen zum Niederschmelzen des Reaktorkerns führen können: der Kühlmittelverlustunfall (LOCA) und transiente Betriebszustände. Bei einem Kühlmittelverlust entweicht das normale Kühlwasser aus dem Kühlkreislauf und das Niederschmelzen des Kerns würde durch den Einsatz des Kernnotkühlsystems (ECCS) verhindert. Bei einem Kühlmittelverlust könnte es allerdings doch zum Schmelzen kommen, wenn das Kernnotkühlsystem ebenfalls ausfiele.

Der Begriff Transiente bezieht sich auf verschiedene Betriebszustände, die in einer Anlage auftreten und dazu führen können, daß der Reaktor abgeschaltet werden muß. Nach der Abschaltung bleiben die Systeme zur Nachwärmeabfuhr in Betrieb, damit der Kern nicht überhitzt wird. Bestimmte Ausfälle im Abschalt- oder Nachwärmeabfuhrsystem können ebenfalls zum Schmelzen des Kerns führen.

2.8 Welche Vorrichtungen gibt es in Reaktoren, um Kernschmelzen unter Kontrolle zu halten?

Kernkraftwerke verfügen über zahlreiche Einrichtungen, die ein Schmelzen des Kerns verhindern. Außerdem gibt es inhärente physikalische Vorgänge und zusätzliche Maßnahmen, die, sollte es doch einmal zum Schmelzen kommen, die aus dem geschmolzenen Brennstoff freigesetzte Radioaktivität abführen und einschließen. Obwohl bestimmte Vorrichtungen die Sicherheitshülle auch noch eine Zeitlang nach dem Schmelzen des Kerns vor Beschädigung schützen sollen, wird diese Sicherheitshülle schließlich doch versagen und dann zu einer Freisetzung von Radioaktivität führen.

Eine im wesentlichen leckdichte Sicherheitshülle dient dazu, von vornherein eine Verteilung der in der Luft enthaltenen Radioaktivität in die Umwelt zu unterbinden. Wenn auch die Sicherheitshülle einige Stunden nach dem Schmelzen des Kerns versagen würde, lagert sich bis dahin die aus dem Brennstoff entweichende Radioaktivität durch natürliche Vorgänge auf den Oberflächen innerhalb der Sicherheitshülle ab. Außerdem enthalten Kernkraftwerke Einrichtungen, die die innerhalb der Sicherheitshülle freigesetzte Radioaktivität einschließen und binden. Dazu gehören beispielsweise Wassersprühanlagen und Wasserbecken, die die Radioaktivität aus der Atmosphäre des Gebäudes auswaschen, und Filter, in denen radioaktive Teilchen vor der Freisetzung aufgefangen werden. Da die Sicherheitshüllen im wesentlichen leckdicht gebaut werden, bleibt die Radioaktivität darin eingeschlossen, solange das Gebäude unversehrt ist. Selbst wenn das Gebäude schon größere Undichtigkeiten aufwiese, würden immer noch große Radioaktivitätsmengen durch die dafür vorgesehenen Systeme entfernt oder durch natürliche Vorgänge auf den Innenflächen des Gebäudes abgelagert werden.

Selbst wenn man damit rechnet, daß die Sicherheitshülle noch einige Zeit nach dem Niederschmelzen des Kerns intakt bleibt, würde die geschmolzene Masse schließlich doch ihren Weg durch den Betonboden in das darunterliegende Erdreich finden. Im Anschluß daran würden die meisten radioaktiven Gase im Boden eingeschlossen werden. Ein geringer Anteil würde jedoch an die Oberfläche dringen und entweichen. Fast die gesamte nichtgasförmige Radioaktivität bliebe im Boden eingeschlossen.

Es lassen sich äußerst unwahrscheinliche Unfälle mit Kernschmelzen ausdenken, in denen die Sicherheitshülle durch Überdruck oder durch die bei einem

Unfall umherfliegenden Trümmer in Mitleidenschaft gezogen wird. Bei derartigen Unfällen könnte in der Luft enthaltene Radioaktivität in größerem Umfang freiwerden und zu schwerwiegenderen Konsequenzen führen. Die Folgen dieser weniger wahrscheinlichen Unfälle sind in der Studie in den in Abbildung 1-3 angeführten Ergebnissen berücksichtigt.

2.9 Wie könnte ein Kühlmittelverlustunfall zum Schmelzen des Kerns führen?

Kühlmittelverlustunfälle entstehen laut Definition auf Grund von Ausfällen des normalen Reaktorkühlwassersystems, und die Anlagen sind so ausgelegt, daß sie mit diesen Ausfällen fertig werden. Das Wasser in den Reaktorkühlkreisläufen arbeitet mit sehr hohem Druck (etwa 50- bis 100mal so hoch wie der Druck in einem Autoreifen), und wenn in den Rohren, Pumpen, Armaturen oder Behältern, die dieses Wasser führen, ein Bruch aufträte, käme es zu einem schlagartigen Entweichen (blow out). Das Wasser würde augenblicklich verdampfen und aus der Öffnung ausgeblasen werden. Das könnte schwerwiegende Folgen haben, denn der Brennstoff könnte schmelzen, wenn nicht ganz schnell zusätzliche Kühlung zur Verfügung gestellt wird.

Der Ausfall der normalen Kühlung bei einem Kühlmittelverlustunfall würde die Kettenreaktion zum Stillstand bringen; die erzeugte Wärmemenge würde also fast augenblicklich auf nur wenige Prozent des Betriebswertes sinken. Nach diesem plötzlichen Abfall würde die erzeugte Wärmemenge dann allerdings sehr viel langsamer, nur noch durch das Abklingen der Radioaktivität im Brennstoff beeinflußt, weiter sinken. Obwohl diese Abnahme der Wärmeerzeugung etwas Entlastung bringt, reicht sie doch nicht aus, ein Brennstoffschmelzen zu verhindern, sofern keine zusätzliche Kühlung geschaffen wird. Für diese Situation verfügen Reaktoren über Kernnotkühlsysteme, die gerade in solchen Fällen Kühlung liefern sollen. Diese Einrichtungen sind mit Pumpen, Rohrleitungen, Armaturen und Wasservorräten ausgestattet, die mit Brüchen verschiedenen Ausmaßes fertig werden. Sie sind auch redundant ausgelegt; selbst wenn bestimmte Bauteile nicht funktionieren, läßt sich der Kern immer noch kühlen.

In der Studie wird eine ganze Reihe möglicher Folgen von Kühlmittelverlustunfällen untersucht. Fast durchweg müßte im Anschluß an den Kühlmittelverlustunfall das Kernnotkühlsystem an mehreren Stellen ausfallen, damit der Kern zum Schmelzen käme. Die einzige Ausnahme bildet das vollständige Versagen des großen Druckbehälters, in dem sich der Kern befindet. Die bisher mit Druckbehältern gemachten Erfahrungen lassen jedoch darauf schließen, daß die Möglichkeit eines solchen Versagens äußerst gering ist. In der Studie wurde sogar festgestellt, daß die Wahrscheinlichkeit eines Druckbehälterversagens so niedrig ist, daß sie zu dem durch Reaktorunfälle geschaffenen Gesamtrisiko überhaupt nicht beiträgt.

2.10 Wie könnte eine Reaktortransiente zum Kernschmelzen führen?

Der Begriff "Reaktortransiente" umfaßt eine Reihe von Vorgängen, die dazu führen, daß der Reaktor abgeschaltet werden muß. Es kann sich dabei um die normale Abschaltung, z.B. für den Brennstoffwechsel, aber auch um unbeabsichtigte, jedoch erwartete Ereignisse, wie den Stromausfall im öffentlichen Versorgungsnetz der Anlage, handeln. Der Reaktor ist so ausgelegt, daß er auf unbeabsichtigte Transienten mit automatischer Abschaltung reagiert. Nach der Abschaltung bleiben die Kühlkreisläufe in Betrieb, um die durch die Radioaktivität im Brennstoff erzeugte Wärme abzuführen. Es gibt verschiedene Kühlsysteme, die diese Wärme abführen können, aber wenn sie alle ausfallen sollten, reichte die erzeugte Wärme aus, um schließlich das gesamte Kühlwasser zum Verdampfen und den Kern zum Schmelzen zu bringen.

Neben dieser eben geschilderten Möglichkeit eines Kernschmelzens läßt sich auch noch ein Fall konstruieren, bei dem auf Grund eines Ausfalls der Reaktorabschaltsysteme nach einer Transiente der Kern zum Schmelzen gebracht würde. In diesem Fall könnte der Druck so weit ansteigen, daß das normale Reaktorkühlsystem platzen würde. Damit käme es zu einem Kühlmittelverlustunfall und der Kern könnte schließlich schmelzen.

2.11 Wie wahrscheinlich ist ein Unfall mit Kernschmelzen?

In der Reaktorsicherheitsstudie sind die verschiedenen Abläufe, die zum Kernschmelzen führen, sorgfältig geprüft worden. Unter Anwendung der in den letzten Jahren zur Abschätzung der Wahrscheinlichkeit solcher Unfälle entwickelten Methoden wurde eine Eintrittswahrscheinlichkeit für jeden denkbaren Unfall mit Kernschmelzen bestimmt. Diese Wahrscheinlichkeiten wurden kombiniert und ergaben die Gesamtwahrscheinlichkeit des Kernschmelzens. Der Wert liegt bei 1:17 000 pro Reaktor und Jahr. Wenn 100 Reaktoren in Betrieb wären, was in den Vereinigten Staaten um 1980 der Fall sein dürfte, träte also im Durchschnitt ein solcher Unfall alle 175 Jahre ein.

Es muß darauf hingewiesen werden, daß Kernschmelzen in einem Kernkraftwerk nicht unbedingt zu einem Unfall führen muß, der für die Öffentlichkeit schwerwiegende Auswirkungen hat. Eines der wichtigsten Ergebnisse der Studie besteht gerade darin, daß nur einer von zehn potentiellen Unfällen mit Kernschmelzen, der im Durchschnitt alle 1 700 Jahre einmal eintritt, überhaupt zu nachweisbaren Beeinträchtigungen der Gesundheit führen könnte.

2.12 Welche Gesundheitsschäden könnte ein solcher Unfall mit Kernschmelzen hervorrufen?

Ein Unfall, bei dem der Kern zum Schmelzen käme, könnte unter Umständen so viel Radioaktivität freisetzen, daß es innerhalb kurzer Zeit (einige Wochen) nach dem Unfall zu mehreren Todesfällen kommen könnte. Manche Menschen werden unter Umständen Strahlungspegeln ausgesetzt, die erkennbare Auswirkungen hervorrufen und ärztliche Behandlung erfordern, aber völlig ausgeheilt werden können. Zusätzlich können weitere mit noch niedrigeren Dosen bestrahlt werden, bei denen überhaupt keine merklichen Effekte auftreten, jedoch jahrelang bestimmte Krankheiten unter Umständen verstärkt vorkommen können. Die kurz nach dem Unfall auftretenden erkennbaren Effekte sind die sogenannten Kurzzeitfolgen oder akuten Effekte. Die Spätfolgen oder latenten Effekte einer Bestrahlung können zur erhöhten Häufigkeit von Erkrankungen, wie Krebs, genetische Schäden und Schilddrüsenerkrankungen, bei der betroffenen Bevölkerung führen. Derartige Auswirkungen würden sich in einer erhöhten Häufigkeit dieser Erkrankungen 10 bis 20 Jahre nach der Bestrahlung äußern. Es wäre schwierig, diese Folgen überhaupt festzustellen, denn die Zunahme ist im allgemeinen, verglichen mit der normalen Häufigkeit dieser Erkrankung, gering.

In der Studie ist die erhöhte Häufigkeit potentiell tödlicher Krebserkrankungen in dem Zwanzig-Jahre-Zeitraum im Anschluß an einen Unfall konservativ geschätzt worden. Dabei hat man sich an ein Verfahren gehalten, in dem diese Zahl durch Extrapolation von Werten über hohe Dosisleistungen auf niedrige Dosisleistungen geschätzt wird. Man nimmt allgemein an, daß dabei die Effekte erheblich überschätzt werden, doch sind Versuche an Populationen von genügender Größe zur Bestimmung dieser kaum ausgeprägten Effekte nicht möglich. Die Anzahl der latenten Krebserkrankungen im Vergleich zur normalen Krebshäufigkeit wird als sehr gering bezeichnet. Unter der hier genannten Schilddrüsenerkrankung hat man die Bildung kleiner Knötchen auf der Schilddrüse zu verstehen, die vom Arzt durch Befühlen festgestellt werden. Sie lassen sich durch ärztliche Behandlung beseitigen. Manchmal ist ein einfacher chirurgischer Eingriff erforderlich; schwerwiegende Folgen entstehen kaum. Bei sehr großen potentiellen Reaktorunfällen entspräche die Zunahme der Knötchenbildung etwa deren normaler Häufigkeit (d.h., es wären doppelt soviele Fälle wie normal zu beobachten).

Die Strahlung ist bekanntlich einer der vielen Faktoren, die genetische Wirkungen hervorbringen können, die erst in einer späteren Generation als Schäden erkennbar werden. An Hand der durch einen Unfall hervorgerufenen Strahlenbelastung der Gesamtbevölkerung läßt sich die zu erwartende Zunahme der angeborenen Schäden in späteren Generationen abschätzen. Diese Folgen dürften im Vergleich zur normalen Häufigkeit sehr gering sein.

2.13 Welches sind die wahrscheinlichsten Folgen eines Unfalls mit Kernschmelzen?

Der wahrscheinlichste Unfall mit Kernschmelzen würde im Mittel pro Anlage einmal in 17 000 Jahren auftreten. Die Größenordnung der Folgen eines solchen Unfalls zeigt die nachstehende Tabelle.

Folgen des wahrscheinlichsten Unfalls mit Kernschmelzen

	Folgen
Todesfälle	< 1
Verletzungen	< 1
Spätere Todesfälle	< 1
Schilddrüsenknötchen	~ 4
Genetische Schäden	< 1
Sachschäden [+]	$ 100 000

[+] Darin sind die an der Anlage selbst hervorgerufenen Schäden nicht inbegriffen.

2.14 Wie läßt sich das durch Kernenergieunfälle hervorgerufene jährliche Risiko mit anderen allgemeinen Risiken vergleichen?

Auf der Grundlage der 15 Millionen Menschen, die im Umkreis von rund 30 Kilometern um in Betrieb befindliche oder geplante amerikanische Reaktorstandorte wohnen, und auf der Grundlage der heutigen Unfallhäufigkeit in den Vereinigten Staaten wird in der nachstehenden Tabelle die zu erwartende jährliche Anzahl von Todesfällen und Personenschäden aus verschiedenen Ursachen zusammengestellt.

Erwartete jährliche Anzahl von Todesfällen und Personenschäden bei den 15 Millionen Menschen, die im Umkreis von 30 Kilometern um amerikanische Reaktorstandorte wohnen

Unfallart	Todesfälle	Personenschäden
Kraftfahrzeug	4 200	375 000
Stürze	1 500	75 000
Brände	560	22 000
Elektrischer Schlag	90	-
Blitzschlag	8	-
Reaktoren (100 Anlagen)	0,3	6

2.15 Wie hoch wäre die Anzahl der Todesfälle und Personenschäden, die als Folge eines Unfalls mit Kernschmelzen zu erwarten wären?

Ein Unfall mit Kernschmelzen ähnelt vielen anderen schweren Unfällen wie Bränden, Explosionen, Dammbrüchen usw. in der Hinsicht, daß je nach den genauen Umständen, unter denen er eintritt, die verschiedensten Folgen möglich sind. Beim Kernschmelzen hängen die Folgen hauptsächlich von drei Faktoren ab: der freigesetzten Radioaktivitätsmenge, der Verteilung dieser Radioaktivität je nach den herrschenden Wetterbedingungen und der Anzahl von Personen, die der Strahlung ausgesetzt sind. Sind diese drei Faktoren bekannt, so kann man die Folgen ziemlich gut abschätzen.

In der Studie sind die gesundheitlichen Folgen und die Wahrscheinlichkeit des Auftretens von 4 800 möglichen Kombinationen des Umfangs einer radioaktiven Freisetzung, der Witterung und der betroffenen Bevölkerung berechnet worden. Die Wahrscheinlichkeit einer bestimmten Freisetzung wurde durch sorgfältige Prüfung der Ausfallwahrscheinlichkeit bestimmter Reaktorsysteme ermittelt. Die Wahrscheinlichkeit der verschiedenen Wetterbedingungen ergab sich aus den an verschiedenen Reaktorstandorten gesammelten meteorologischen Daten. Die Wahrscheinlichkeit, daß verschiedene Personenzahlen betroffen werden, wurde nach Unterlagen des amerikanischen Statistischen Amtes für heutige und zukünftige amerikanische Reaktorstandorte ermittelt. Diese vielen tausend Berechnungen wurden mit Hilfe eines großen Digitalrechners ausgeführt.

Sie haben ergeben, daß die Wahrscheinlichkeit von Unfällen mit 10 oder mehr Toten pro Anlage und Jahr bei 1:250 000 liegt. Die Wahrscheinlichkeit, daß es zu 100 oder mehr Toten kommt, liegt bei 1:1 000 000, für über 1 000 Tote oder mehr bei 1:100 000 000. Der höchste berechnete Wert lag bei 2 300 Toten mit einer Wahrscheinlichkeit von rund 1:1 Milliarde.

Diese Schätzungen gründen sich auf die Annahme, daß mit Hilfe von Räumungsmaßnahmen der größte Teil der Bevölkerung aus dem Weg der in der Luft enthaltenen Radioaktivität herausgebracht wird. Die Erfahrung hat gezeigt, daß in sehr vielen nichtnuklearen Unfällen Räumungen mit Erfolg möglich waren. Da in allen Kernkraftwerken Räumungspläne fertig ausgearbeitet in der Schublade liegen und vor dem Einbruch der Radioaktivität in die Umwelt immer genügend Zeit zur Warnung bleibt, kann man zu Recht annehmen, daß bei nuklearen Unfällen eine Räumung mit Erfolg möglich ist.

Wenn wir eine Gruppe von 100 ähnlichen Anlagen betrachten, dann beträgt die Chance, daß ein Unfall 10 oder mehr Tote zur Folge hat, pro Jahr 1:2 500, das ist im Mittel ein Unfall alle 2 500 Jahre. Bei Unfällen mit 1 000 oder mehr Toten liegt diese Zahl bei 1:1 Million, also ein Unfall in einer Million Jahren. Das ist übrigens genau die Wahrscheinlichkeit, mit der ein Meteor in eine amerikanische Großstadt einschlagen und tausend Tote zur Folge haben könnte.

An Hand der nachstehenden Tabelle läßt sich die Wahrscheinlichkeit eines nuklearen Unfalles mit der nichtnuklearer Unfälle vergleichen, die zu denselben Folgen führen würden. Hierunter fallen zivilisationsbedingte Ereignisse ebenso wie Naturkatastrophen. Viele dieser Wahrscheinlichkeiten sind an Hand von historischen Unterlagen ermittelt worden, andere sind jedoch so gering, daß ein solches Ereignis noch nie beobachtet worden ist. In den letzteren Fällen ist die Wahrscheinlichkeit mit Hilfe von Verfahren errechnet worden, die den für Kernenergieanlagen angewandten Verfahren ähnlich sind.

Wahrscheinlichkeit schwerer zivilisationsbedingter Unfälle und Naturkatastrophen

Ereignis	Wahrscheinlichkeit von 100 oder mehr Todesfällen	Wahrscheinlichkeit von 1 000 oder mehr Todesfällen
Zivilisationsbedingte Ereignisse		
Flugzeugabsturz	1 in 2 Jahren	1 in 2 000 Jahren
Brand	1 in 7 Jahren	1 in 200 Jahren
Explosion	1 in 16 Jahren	1 in 120 Jahren
Giftgas	1 in 100 Jahren	1 in 1 000 Jahren
Naturereignisse		
Tornados	1 in 5 Jahren	sehr gering
Hurrikane	1 in 5 Jahren	1 in 25 Jahren
Erdbeben	1 in 20 Jahren	1 in 50 Jahren
Meteoriteneinschlag	1 in 100 000 Jahren	1 in 1 000 000 Jahren
Reaktoren		
100 Anlagen	1 in 10 000 Jahren	1 in 1 000 000 Jahren

Was die Personenschäden betrifft, die bei potentiellen Unfällen in Kernkraftwerken entstehen könnten, so ist die Anzahl der Verletzungen, die kurz nach einem Unfall ärztliche Behandlung brauchen, etwa doppelt so groß wie die Anzahl der vorausgesagten Todesfälle.

2.16 In welcher Größenordnung bewegen sich die latenten oder langfristigen Auswirkungen auf die Gesundheit?

Wie bei den kurzfristigen Folgen, so schwankt auch hier die Größenordnung der latenten Krebsfälle, der auf Behandlung ansprechenden Fälle von latenten Schilddrüsenerkrankungen und der genetischen Schäden je nach den genauen Unfallbedingungen. Die nachstehende Tabelle zeigt die potentielle Größenordnung dieser Ereignisse. In der ersten Spalte sind die Folgen eingetragen, die sich durch Unfälle mit Kernschmelzen ergäben; der wahrscheinlichste Vorfall dieser Art kann mit einer Wahrscheinlichkeit von 1:17 000 pro Anlage und Jahr auftreten. In der zweiten Spalte stehen die Folgen eines Unfalls, der mit einer Wahrscheinlichkeit von 1:1 Million auftritt. Die dritte Spalte zeigt die normale Häufigkeit.

Größenordnung latenter Auswirkungen auf die Gesundheit, die innerhalb von 20 Jahren nach einem Unfall mit 100 Todesopfern zu erwarten sind

Folge	Wahrscheinlichkeit pro Anlage und Jahr		Normale[+)] Häufigkeit
	1 zu 17 000	1 zu 1 000 000	
Latenter Krebs	< 1	450	64 000
Schilddrüsenerkrankung	4	12 000	20 000
Genetische Folgen	< 1	450	100 000

+) Normale Häufigkeit, die für Menschen in der Umgebung irgendeines Reaktors zu erwarten ist.

Bei diesen Unfällen wäre nur die Bildung von Schilddrüsenknötchen zu beobachten, und auch das nur bei einem äußerst unwahrscheinlichen Unfall. Diese Knötchen lassen sich leicht diagnostizieren und durch Behandlung oder einen Eingriff beseitigen. Alle übrigen Effekte sind so geringfügig, daß sie gegenüber der hohen normalen Häufigkeit dieser beiden Erkrankungen nicht nachweisbar sind.

2.17 Welche Arten von Sachschäden könnte ein Unfall mit Kernschmelzen hervorrufen?

Ein schwerwiegender Reaktorunfall würde Gegenstände außerhalb des Anlagenstandorts nicht physisch beschädigen, jedoch unter Umständen mit Radioaktivität kontaminieren. Bei starker Kontamination müßten die Menschen vorübergehend ihre Häuser räumen, bis die Radioaktivität entweder abgeklungen oder entfernt worden wäre. Bei geringerer Kontamination, die sich jedoch über ein größeres Gebiet erstreckte, könnten die Menschen durch einfache Vorkehrungen die Kontaminationsmöglichkeit verringern und dabei weiterhin in dieser Gegend wohnen bleiben. Die Hauptsorge in diesem letzteren Fall bestünde darin, alle landwirtschaftlichen Produkte zu überwachen, um die über die

Nahrungsmittelkette aufgenommene Radioaktivität möglichst gering zu halten. Die landwirtschaftlichen Betriebe in der betreffenden Gegend müßten ihre Produktion überwachen lassen und Produkte, die über ein zulässiges Maß hinaus kontaminiert wären, könnten nicht verwendet werden.

Der wahrscheinlichste Unfall mit Kernschmelzen, der mit einer Wahrscheinlichkeit von 1:17 000 pro Anlage und Jahr eintritt, würde nur zu einer geringfügigen oder überhaupt keiner Kontamination führen. Die Wahrscheinlichkeit eines Unfalls, der die vorübergehende Räumung von rund 50 Quadratkilometern notwendig machen würde, liegt bei 1:170 000 pro Reaktor und Jahr. Bei 90 % aller Unfälle mit Kernschmelzen hätte man es wahrscheinlich mit schwächeren Unfällen als diesem zu tun. Der größte Unfall würde unter Umständen die vorübergehende Räumung von über 1 000 Quadratkilometern erfordern. Bei einem derartigen Unfall müßten landwirtschaftliche Produkte, besonders Milch, ein oder zwei Monate lang in einem etwa hundertmal so großen Bereich überwacht werden, bis das Jod zerfallen wäre. Im Anschluß daran brauchte nur noch eine viel kleinere Fläche überwacht zu werden.

2.18 Welche Kosten würde ein Unfall mit Kernschmelzen verursachen?

Wie alle übrigen Folgen, so hängen auch die Kosten von den jeweiligen Umständen eines Unfalls ab. Die in der Reaktorsicherheitsstudie ermittelten Kosten schließen die Kosten für den Umzug und die Unterbringung der Personen ein, die evakuiert werden mußten, ebenso die durch die Nichtverwendbarkeit von Land und die aus der Nichtverwendbarkeit von wiederherstellbaren Einrichtungen wie Wohnungen und Fabriken entstehenden Kosten. Der wahrscheinlichste Unfall mit Kernschmelzen, der mit einer Wahrscheinlichkeit von 1:17 000 pro Anlage und Jahr eintritt, hätte Sachschäden von etwa 100 000 Dollar zur Folge. Die Wahrscheinlichkeit, daß ein Unfall eintritt, der Schäden in Höhe von 100 Millionen Dollar zur Folge hat, liegt bei rund 1:50 000 pro Anlage und Jahr. Mit dem Eintreten eines solchen Unfalls ist bei 100 in Betrieb befindlichen Reaktoren im Durchschnitt einmal in 500 Jahren zu rechnen. Die Wahrscheinlichkeit liegt bei etwa 1:1 Million pro Anlage und Jahr, wenn man Schäden in der Größenordnung von 2 bis 3 Milliarden Dollar berücksichtigt. Der Höchstwert ergibt sich zu rund 4 bis 6 Milliarden Dollar mit einer Wahrscheinlichkeit von etwa 1:1 Milliarde pro Anlage und Jahr.

Das Risiko solcher Sachschäden auf Grund von nuklearen Unfällen läßt sich in mancher Hinsicht mit anderen Risiken vergleichen. Die größten zivilisationsbedingten Ereignisse, die es bisher gegeben hat, sind Brände. In den letzten Jahren haben sich im Durchschnitt pro Jahr drei Brände mit Schäden von mehr als 10 Millionen Dollar ereignet. Alle zwei Jahre kommt es ungefähr einmal zu einem Brand, der zu Schäden in der Größenordnung von 50 bis 100 Millionen Dollar führt. In den letzten zehn Jahren hat es vier Hurrikane gegeben, die Schäden von 0,5 bis 5 Milliarden Dollar verursacht haben. Neuere Abschätzungen für Erdbeben lassen die Vermutung zu, daß in den Vereinigten Staaten alle 50 Jahre einmal ein Erdbeben mit Schäden in Höhe von einer Milliarde Dollar eintritt.

Aus dem Vergleich dieser Kosten geht hervor, daß zwar ein großer Reaktorunfall sehr kostspielig wäre, jedoch kaum stärker ins Gewicht fiele als eine Reihe schwerer Unfälle, von denen unsere Gesellschaft sehr häufig heimgesucht wird. Die Wahrscheinlichkeit eines solchen Reaktorunfalls wäre nach der Schätzung außerdem noch viel geringer als die der anderen Ereignisse.

2.19 Wie hoch ist die Wahrscheinlichkeit eines Reaktorschmelzens im Jahr 2000, wenn tausend Reaktoren in Betrieb sind?

Man könnte versucht sein, die Wahrscheinlichkeit eines bestimmten Reaktorunfalls pro Anlage mit 1 000 zu multiplizieren, um so die Wahrscheinlichkeit eines Unfalls im Jahr 2000 zu ermitteln. Diese Rechnung ist jedoch nicht stichhaltig, denn man geht dabei davon aus, daß die in den nächsten 25 Jahren gebauten Reaktoren den heute gebauten Typen entsprechen. Die Erfahrungen auf anderen Gebieten der Technik, z.B. im Kraftfahrzeug- und Flugzeugbau, zeigen jedoch, daß in der gesamten Sicherheitsstatistik die Unfallwahrscheinlichkeit pro Einheit sinkt, je mehr Einheiten gebaut werden und je mehr Erfahrung gewonnen wird. Schon in den jetzt gebauten Anlagen gibt es Änderungen, die gegenüber den in der Studie berücksichtigten Anlagen Verbesserungen darstellen dürften.

2.20 Woher wissen wir, daß in der Studie auch wirklich alle Unfälle berücksichtigt worden sind?

Im Rahmen der Studie wurde sehr lange und eingehend geprüft, ob auch wirklich alle potentiellen Unfälle berücksichtigt worden sind, die zur Beurteilung des für die Öffentlichkeit entstehenden Risikos wichtig sind. Dabei konnte man sich sehr stark auf die über zwanzigjährige Erfahrung in der Feststellung und Analyse von potentiellen Reaktorunfällen stützen. Der Rahmen früherer Analysen wurde durch die Aufnahme einer ganzen Reihe von potentiellen Ausfällen erheblich erweitert, die nie zuvor untersucht worden sind. So sind z.B. Ausfälle von Reaktorsystemen, die zum Kernschmelzen führen können, und Ausfälle von Systemen analysiert worden, die die Folgen des Kernschmelzens beeinflussen. Das Versagen eines massiven Reaktordruckbehälters aus Stahl ist in seinen Folgen überhaupt zum ersten Mal behandelt worden. Die Wahrscheinlichkeit, daß verschiedene äußere Kräfte wie Erdbeben, Hochwasser und Tornados zu Unfällen führen, ist ebenfalls analysiert worden.

Es gibt noch weitere Faktoren, die genügend Grund zu der Annahme bieten, daß alle wichtigen Unfälle berücksichtigt worden sind. Dabei handelt es sich um 1. die Identifizierung aller wichtigen in Kernkraftwerken anzutreffenden Radioaktivitätsquellen, 2. die Tatsache, daß Radioaktivität in großem Umfang nur freigesetzt werden kann, wenn Reaktorbrennstoff schmilzt, und 3. die Kenntnis der Faktoren, die den Brennstoff zum Schmelzen bringen können. Mit Hilfe dieses Ansatzes sind Tausende von potentiellen Unfallabläufen geprüft worden, weil man diejenigen identifizieren wollte, von denen das Risiko für die Öffentlichkeit abhängt.

Obwohl natürlich nicht nachzuweisen ist, daß alle möglichen Unfallabläufe, die zum öffentlichen Risiko beitragen, in der Studie auch wirklich erfaßt sind, läßt es der bei der Feststellung möglicher Unfallabläufe gewählte systematische Ansatz doch höchst unwahrscheinlich erscheinen, daß ein Unfall übersehen worden ist, der zum Gesamtrisiko beigetragen hätte.

2.21 Wie sehen Ihre Berechnungen von Reaktorunfällen im Vergleich zu früheren Studien aus, in denen viel schwerwiegendere Folgen ermittelt worden sind?

Die wichtigste ältere Studie über Reaktorunfälle (WASH-740) wurde von der AEC 1957 veröffentlicht, ehe es überhaupt zivile Kernkraftwerke in Betrieb gab. Die Studie mußte also zwangsläufig im Hinblick auf die technischen Einzelheiten von Reaktorunfällen unverbindlich bleiben. Der Zweck jener Studie bestand vor allem darin, die Folgen zu maximieren, die bei einem Unfall auftreten könnten. Man wollte damit dem Kongreß eine Grundlage bieten, die er zur Festsetzung angemessener Entschädigungen der Öffentlichkeit bei etwaigen Unfällen brauchte. So diente WASH-740 als Grundlage des Price-Anderson-Gesetzes, in dem diese Entschädigungsfrage geregelt ist.

Der der WASH-740-Studie zugrunde gelegte Reaktor erzeugte 500 Millionen Watt (Megawatt) thermische Energie; ein heutiger Reaktor leistet demgegenüber rund 3 200 Megawatt. Um die früheren Schätzungen mit dem in der vorliegenden Studie gewählten realistischeren Ansatz zu vergleichen, wurden nach dem Modell der Reaktorsicherheitsstudie Berechnungen für einen Reaktor von 500 Megawatt durchgeführt. Die Ergebnisse sind in nachstehender Tabelle zusammengefaßt.

Vergleich der Unfallfolgen bei einem 500-MWth-Reaktor nach der Berechnung in WASH-740 und der Vorhersage in WASH-1400

Parameter	WASH-740 Maximum	WASH-1400	
		Maximum	Mittelwert
Akute Todesfälle	3 400	92	0,05
Akute Erkrankungen	43 000	200	0,01
Gesamtschaden (in Milliarden Dollar)	7 [1]	1,7 [2]	0,51 [2]
Wahrscheinlichkeit pro Reaktorjahr, ca.	-	1:1 Milliarde	1:10 000

[1] Hierbei handelt es sich um den vorhergesagten Wert in Dollar von 1957.
[2] Die angegebenen Werte sind in Dollar von 1973 ausgedrückt. In Dollar von 1957 müßten die Werte bei etwa zwei Drittel der hier gemachten Angaben liegen.

Die Unterschiede zwischen diesen beiden Reihen von Ergebnissen lassen sich im großen ganzen folgendermaßen erklären:

1. In der vorliegenden Studie sind echte Bevölkerungsdaten vom Statistischen Amt für die Gegenden in der Umgebung wirklicher Reaktorstandorte benutzt worden. In WASH-740 wurde von einer viel höheren geschätzten Bevölkerung ausgegangen.

2. In WASH-740 wurde angenommen, daß 50 % der gesamten im Kern enthaltenen Radioaktivität in die Umwelt freigesetzt werden. In der vorliegenden Studie hat es sich unter Verwendung der vorhandenen Versuchsdaten als physikalisch unmöglich erwiesen, Freisetzungen aus dem gesamten Core in der Höhe festzulegen, wie sie in WASH-740 angenommen wurden.

3. In der Rechnung in WASH-740 ist eine Evakuierung der Bevölkerung nicht vorgesehen. Die Erfahrung zeigt aber, daß mit einer Räumung sehr wahrscheinlich zu rechnen ist, so daß in diesem Fall die Folgen eines Unfalls drastisch gemildert werden würden.

4. Die bei einem potentiellen Reaktorunfall freigesetzte Radioaktivität würde in Form einer Fahne, ähnlich der Rauchfahne aus einem Schornstein, abgegeben werden. Die Radioaktivität ist mit so viel Wärme verbunden, daß die Fahne aufsteigt und infolgedessen die Radioaktivitätskonzentration in Bodennähe verringert wird. Auch das trägt zur Milderung der Folgen bei. In den Berechnungen in WASH-740 war dieser Effekt nicht berücksichtigt worden.

2.22 Welche Verfahren wurden zur Durchführung der Studie angewandt?

Für die Studie wurden die neuesten Methoden angewandt, die in den letzten zehn Jahren vom amerikanischen Verteidigungsministerium und der National Aeronautics and Space Administration (NASA) entwickelt worden sind. Diese Verfahren sind auch als Ereignisbäume und Fehlerbäume bekannt und tragen zur Definition potentieller Unfallmechanismen und der Wahrscheinlichkeit ihres Eintritts bei.

In einem Ereignisbaum wird ein erstes Versagen innerhalb der Anlage definiert. Dann wird die Abfolge von Ereignissen untersucht, die sich aus Betrieb oder Ausfall der verschiedenen Systeme ergeben, mit deren Hilfe der Kern vor dem Schmelzen geschützt und die Freisetzung von Radioaktivität in die Umwelt verhindert werden sollen. Mit Hilfe von Ereignisbäumen wurden in dieser Studie Tausende von möglichen Unfallabläufen untersucht, ihre Eintrittswahrscheinlichkeit bestimmt und die Radioaktivitätsmenge ermittelt, die im Eintrittsfall freigesetzt werden könnte.

An Hand von Fehlerbäumen wurde die Ausfallwahrscheinlichkeit der verschiedenen Systeme bestimmt, die bei den Unfallabläufen mit dem Ereignisbaum ermittelt worden waren. Ein Fehlerbaum beginnt mit der Definition eines unerwünschten Ereignisses, beispielsweise dem Versagen eines Systems bei Einschaltung, und bestimmt dann an Hand technischer und mathematischer Logik die verschiedenen Möglichkeiten, die für einen solchen Systemausfall bestehen. Auf Grund der Angaben über 1. den Ausfall von Bauteilen, wie Pumpen, Rohrleitungen und Armaturen, 2. die Wahrscheinlichkeit von Fehlern des Betriebspersonals und 3. die Wahrscheinlichkeit von Wartungsfehlern läßt sich die Ausfallwahrscheinlichkeit eines Systems selbst dann ermitteln, wenn keinerlei Angaben über den Ausfall des gesamten Systems vorhanden sind.

Die Wahrscheinlichkeit und der Umfang der Radioaktivitätsfreisetzung auf Grund verschiedener Unfallabläufe wurden zusammen mit der Wahrscheinlichkeit verschiedener Wetterverhältnisse und Bevölkerungsverteilungen in der Umgebung eines Reaktors zur Berechnung der Folgen verschiedener potentieller Unfälle herangezogen.

2.23 Wie werden die Ergebnisse dieser Studie die Entscheidungen in Sicherheitsfragen beeinflussen?

Diese Studie hat mit Hilfe einer auf die Risikobeurteilung abzielenden Gesamtmethodik neue Einsichten geschaffen, die zu einem besseren Verständnis der Reaktorsicherheit beitragen. Allerdings wurden viele der hier benutzten Verfahren nur zur Beurteilung des Gesamtrisikos entwickelt und angewandt und eignen sich mithin nicht unmittelbar für die Optimierung von Sicherheitsauslegungen oder die Beurteilung der Annehmbarkeit bestimmter Konstruktionen oder Reaktorstandorte. Obwohl die in der Studie entwickelten Verfahren auch für diese Zwecke irgendwann einmal in Frage kommen werden, sind doch noch sehr viel weitere Arbeit und Entwicklung nötig, bis sie bei der Entscheidung in Sicherheitsfragen mit Erfolg genutzt werden können.

Entscheidungsvorgänge auf vielen Gebieten, besonders im Sicherheitswesen, sind sehr komplex und sollten nicht kurzerhand geändert werden. Das gilt besonders dort, wo bereits eine gute Sicherheitsstatistik besteht, wie es bei Kernkraftwerken bis heute der Fall ist. Die Verwendung von quantitativen Ansätzen bei Entscheidungen, die ein Risiko einschließen, befindet sich noch in den Anfangsstadien und ist vorläufig noch stark entwicklungsbedürftig. Für die nächste Zukunft ist hier noch sehr viel weitere Entwicklungsarbeit zu leisten, bis quantitative Techniken auch in Entscheidungsprozessen auf dem Gebiet der Sicherheit wirkungsvoll eingesetzt werden können.

If you have any concerns about our products,
you can contact us on
ProductSafety@springernature.com

In case Publisher is established outside the EU,
the EU authorized representative is:
Springer Nature Customer Service Center GmbH
Europaplatz 3, 69115 Heidelberg, Germany

Printed by Libri Plureos GmbH
in Hamburg, Germany